NOTIONS

D'AGRICULTURE.

AUX

AGRICULTEURS DU MIDI.

NOTIONS

D'AGRICULTURE

PAR

JOSEPH AGNEL.

MARSEILLE.

IMPRIMERIE ET LITHOGRAPHIE VIAL, RUE THIARS, 8.

—

1853.

PRÉFACE.

Dans un moment où l'art de l'agriculture est l'objet d'une sollicitude générale et reçoit de toutes parts une impulsion nouvelle, on ne lira probablement pas sans intérêt les observations que j'ai consignées dans cet opuscule.

Elles sont le résultat d'une étude assidue et reposent sur des faits pratiques dont chacun pourra se convaincre au moyen de sa propre expérience.

C'est particulièrement aux agriculteurs du midi que s'adresse mon modeste travail. En le livrant à la publicité, je n'ai pas d'autre intention que celle de contribuer, dans la mesure de mes forces, au développement de l'agriculture dans des contrées où elle est restée longtemps en arrière. Heureux si je puis atteindre le but que je me propose et obtenir les suffrages de ceux qui daigneront me lire.

Joseph Agnel.

Marseille. Octobre 1853.

INFLUENCE DE L'AIR

SUR

LA VÉGÉTATION.

Les plantes qui couvrent la surface du globe ne vivent pas seulement par leurs racines de l'humus de la terre et des engrais qu'on y ajoute, elles vivent beaucoup plus encore par leurs feuilles des divers fluides répandus dans l'air, et cela est tellement vrai que si, dans la belle saison, vous dépouillez une plante de son feuillage, elle languit et meurt ; c'est comme si vous aviez enlevé à un oiseau son bec, à un quadrupède sa hure ou son museau.

Plus une plante absorbe d'air, moins elle a besoin d'engrais, parce qu'elle est douée de l'inexplicable , quoique très positive , faculté qui convertit cet air en sa propre substance.

Les végétaux sont doués, à divers degrés, de cette puissance d'absorption , et cette faculté dépend de la constitution particulière et surtout de l'étendue de leurs feuilles.

Les plantes céréales ayant une tige grêle , des feuilles allongées , lisses et menues , demandent peu à l'air et par conséquent exigent beaucoup de la terre. Elles sont essentiellement pivotantes, et , comme leurs pieds ne sont jamais garnis d'aucune feuille radicale , elles laissent des intervalles suffisants à une végétation parasite, en sorte qu'elles épuisent le sol parce qu'elles lui demandent et parce qu'elles tolèrent.

La graine , étant dans les végétaux ce que la matière séminale est dans les animaux , et conséquemment ce qu'il y a de plus organique , exige nécessairement dans son élaboration tout ce qu'il y a de plus substantiel dans le sol.

Il est prouvé que le travail, nécessaire pour la formation de dix livres de graines, appauvrit plus la terre que les deux ou trois quintaux de paille ou de chaume qui ont produit ces dix livres de graines La preuve résulte des récoltes de blé

coupées en vert, en Bretagne, par exemple,
avant que l'épi soit formé, et que l'on enfouit
dans les sillons. La moisson qui vient par dessus
cette verdure amène la végétation la plus abondante.

DE LA PLUIE.

Lorsque les gouttelettes qui composent les nuages s'agglomèrent au point de devenir assez pesantes pour tomber rapidement, elles constituent la pluie. Ce phénomène a lieu très fréquemment lorsqu'il existe des nuages, et on l'observe aussi, quoique rarement, lorsqu'il n'y en a pas.

Il suffit pour sa production que la vapeur répandue dans l'air éprouve un abaissement de température assez subit.

On appelle *pluie*, vulgairement, celle qui touche le sol, mais il arrive souvent qu'il pleut sans que les gouttes arrivent jusqu'à terre, et il est facile de remarquer ces sortes de pluies quand on se trouve sur une montagne. On voit de longues stries qui descendent des nuages et

disparaissent à des hauteurs différentes : c'est
que là elles rencontrent des couches d'air suffisamment échauffées pour les réduire de nouveau
en vapeurs, et ces vapeurs remontent pour
former de nouveaux nuages.

La pluie a, pour causes premières, l'évaporation
à la surface du sol, par la chaleur solaire, et la
condensation de cette vapeur dans les hautes
régions de l'atmosphère, par suite de la basse
température qui y règne ; puis, pour causes
secondaires, toutes celles qui font varier ces
deux premières, et qui sont aussi nombreuses
que les accidents du sol et les différentes phases
que présentent la vie des végétaux et des animaux, car tout se tient dans la nature, et
chaque phénomène n'est que la conséquence de
tous ceux qui lui sont contemporains.

Il ne doit donc point paraître surprenant qu'en
général les lieux situés sous la zone torride soient
ceux qui reçoivent la plus grande quantité de
pluie annuelle, et que cette quantité diminue ordinairement à mesure que l'on s'approche des
pôles.

La statistique météorologique nous fournit
un autre fait, non moins général, mais plus

difficile à comprendre d'abord. C'est que le nombre des jours pluvieux augmente à mesure que la quantité d'eau diminue.

Ainsi, le nombre des jours pluvieux d'une année sera plus nombreux en Espagne qu'en Afrique, et plus nombreux encore en France qu'en Espagne. Cela provient, selon nous, de ce que l'on ne compte pour jours pluvieux que ceux où, le temps étant couvert, la pluie arrive jusqu'à la surface du sol ; il est incontestable que les causes de changements de température et de perturbations atmosphériques diminuent à mesure qu'on s'avance de l'équateur aux pôles, c'est-à-dire de cette zone où il y a toujours un jour et une nuit en vingt-quatre heures, avec un *maximum* d'activité dans toutes les productions naturelles, à ces deux points du globe où il n'y a, rigoureusement parlant, qu'un jour et une nuit par année, avec une inertie générale en rapport avec la quantité de lumière et de chaleur reçue. D'où nous devons conclure que si l'on comprenait sous le nom de jours pluvieux tous ceux où il y a formation de pluie, que cette pluie arrive ou non jusqu'à la surface de la terre, on trouverait toujours le nombre de ces jours-là proportionnels à la quantité de pluie

Un autre fait non moins remarquable vient prouver que nous sommes bien dans la vérité c'est que le nombre des jours pluvieux augmente dans tous les pays, proportionnellement à l'élévation du sol, c'est-à-dire qu'il est toujours plus grand sur les montagnes que dans les pays plats, quoique la somme totale d'eau tombée y soit réellement plus petite.

La raison de tout ceci est facile à concevoir.

L'air imprégné de vapeurs est spécifiquement plus léger que l'air sec à la même température : il tend donc à s'élever jusque dans les plus hautes régions de l'atmosphère, mais il ne peut s'élever sans donner lieu à un courant correspondant d'air froid, descendant des plus hautes régions pour le remplacer à la surface de la terre. Eh bien ! c'est principalement le mélange d'un air chaud, saturé de vapeurs, avec un air froid et sec qui détermine la formation de la pluie.

C'est donc à la rencontre des deux courants en sens contraire que doit avoir lieu cette formation : et, comme ce point de rencontre est d'autant plus voisin du sommet des montagnes que celles-ci sont plus élevées, il n'y a donc rien de surprenant que les pluies soient plus fréquentes sur les montagnes que partout ailleurs. Les nuages y sont fixés par l'électricité, et les vents, en les agitant, ou plutôt en les comprimant, en expriment la pluie, comme la pression de la main le fait d'une éponge humide.

OBSERVATIONS DIVERSES

SUR LA

CULTURE DES TERRES.

On ne doit pas forcer un champ après une période de sécheresse.

Dans l'opération du labour, soit au moyen de la charrue ou de la bêche, il faut avoir soin de briser entièrement les mottes de terre et la rendre tout à fait menue afin de l'exposer entièrement au contact de l'air.

Pour sa commodité d'abord, et ensuite pour faire plus de travail en moins de temps, le cultivateur doit se servir d'outils légers. Les instruments lourds dont se servent la plupart des paysans provençaux leur donnent plus de peine et leur travail est moins bien fait.

Quant aux cultures du premier labour qui se pratiquent dans les contrées méridionales, je ferai observer qu'à partir de la fin de Juin, la sécheresse commence à régner ; la terre alors devient très ferme jusque vers la mi-Août et souvent même jusqu'à la fin de ce mois ; ce fait se produit presque chaque année. Or, les cultures de premiers labours, dans ce moment-là, sont complétement inutiles et constituent à la fois une perte considérable de temps et de travail ; de plus, on force la terre outre mesure.

Si l'on veut se convaincre de ce que j'avance, on n'a qu'à essayer en Septembre et Octobre, —époque de pluie, — de faire une culture, et l'on verra que cette culture, fût-elle même légère, donnera des résultats pareils à ceux d'une culture plus forte, accomplie pendant la sécheresse.

MOYEN

DE

PRÉSERVER LES POIS-CHICHES

DE TOUTES MALADIES.

Ce moyen est des plus simples : il consiste à semer ce légume à la nuit tombante ou pendant la nuit.

DES FÈVES.

On doit les semer lorsque le temps est couvert;
il est certain qu'alors elles prospèrent davantage.

OBSERVATIONS

RELATIVES

AUX SEMENCES.

Il serait bon de renoncer tout-à-fait au mode
d'ensemencement qui se pratique dans nos contrées et d'adopter la manière des agriculteurs
du nord : ils sèment dans le sillon les grains les
uns après les autres. On comprend les avantages
que présente ce procédé : économie de semence
d'une part ; de l'autre, proportion plus régulière
du blé ; et en troisième lieu, rapport plus considérable, surtout, si l'on a soin de répandre la
semence dans un sillon profond, car le grain est
alors moins exposé à l'action du froid ou de la
sécheresse.

On n'y prend pas garde, et pourtant c'est au
défaut de ce dernier soin que nos agriculteurs

doivent la perte d'un tiers du blé dans les terres légères, soit par suite de la gelée soit par le manque d'humidité.

Les terres susceptibles d'être envahies par des plantes parasites doivent être semées par sillons impairs, et entre chaque sillon, il faut passer légèrement la bêche, ce qui est beaucoup plus tôt fait que d'arracher les plantes une à une.

Telle est la méthode, simple et économique en même temps, d'après laquelle on devrait se décider à cultiver les champs. N'est-il pas plus facile, en effet, de procéder ainsi ? Ne vaut-il pas mieux, pour l'agriculteur, ensemencer deux boisseaux au lieu de quatre et réaliser le même produit en se donnant moins de peine ?

Un grand nombre de laboureurs font, dans l'opération de l'ensemencement, une faute grave en jetant la semence d'une manière inégale; il en résulte qu'en certains endroits le grain tombe et pousse abondamment, tandis que sur d'autres points il en sort à peine. On ne saurait trop mettre à profit l'observation qui précède, car elle a pour objet de prévenir un déficit trop certain.

Il est d'usage, en Bourgogne, lorsque le blé

commence à germer , de traîner sur le sol en-
semencé un morceau de bois ou quelque autre
objet assez lourd, de manière à resserrer la terre
autour des tiges tendres, afin que la gelée ne
porte point atteinte aux racines. Cette précaution,
en garantissant le blé, dédommage amplement
le cultivateur de sa peine et de ses soins.

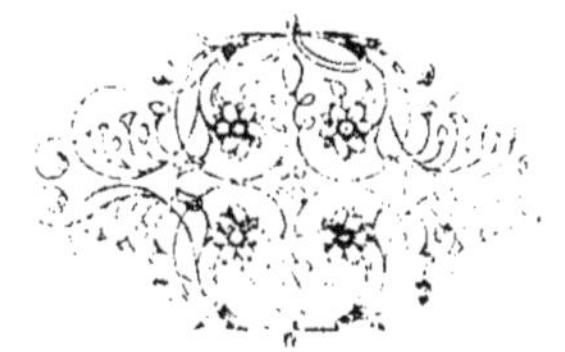

PRÉCAUTIONS

A PRENDRE

POUR ASSURER LA RÉUSSITE

DES

SEMAILLES.

Les différentes qualités de grains, ainsi que les diverses petites graines, exigent un changement de semence chaque année; il faut observer, en outre, de les prendre toujours dans un climat plus chaud que celui dans lequel on veut les faire reproduire.

Par exemple, le blé d'un pays chaud devient plus fort en germant.

Il convient donc de se procurer de la semence au midi du département dans lequel on habite plutôt qu'au nord.

En Italie, les agriculteurs expérimentés ont

pour habitude de porter de la terre à leur bouche
avant de semer un champ, afin d'en apprécier
le goût et de juger si le moment est propice pour
faire les semailles ; quand la terre laisse au palais
un peu d'âpreté et excite la salivation, c'est une
preuve qu'il faut ajourner encore quelque temps
les semailles ; si, au contraire elle a une légère
douceur, c'est le moment d'y enfouir la semence.

Le paysan italien ne se trompe jamais à une
pareille épreuve. Il y a d'ailleurs, chez lui,
l'habitude jointe à l'observation, la pratique à la
théorie. C'est en agriculture, surtout, que l'on
peut appliquer l'adage si connu :

« Expérience vaut science. »

CULTURE

DES ARBRES.

Lorsque les arbres sont en végétation, ils sont d'une extrême sensibilité; il faut donc prendre garde, en labourant à leurs pieds, de toucher aux racines. Combien d'arbres et d'arbustes périssent tout-à-coup, pour avoir été atteints par le fer de la charrue ou de la bêche !

Je ferai la même recommandation à l'égard de la vigne, qui ne saurait être trop soignée pendant la première floraison.

OBSERVATIONS

SUR LA

TRANSPLANTATION DU JARDINAGE.

Le moment le plus favorable aux transplantations du jardinage est celui où le temps est doux ou couvert. On comprend que si cette opération avait lieu par un temps trop sec ou par un temps pluvieux, la plante une fois sortie de la terre ressentirait une influence également pernicieuse à la sève.

Par un temps humide vous la compromettez doublement; d'abord en l'arrachant du sol au moment où elle y absorbe le plus de nourriture ; ensuite en la plaçant dans un terrain détrempé , que les premiers rayons du soleil resserreront trop fortement autour des racines.

DE LA TAILLE

DES

ARBRES.

Cette opération est fort délicate et exige quelques connaissances.

Ainsi, par exemple, il est nécessaire de considérer, préalablement, la nature d'un arbre avant d'en élaguer les branches; il faut tenir compte de sa force, et si on juge à propos de le régulariser, il convient de tailler une branche après l'autre, avec beaucoup de méthode et de soin, de manière à ne pas le compromettre ni l'endommager. Un coup de scie, de serpette ou de ciseau mal donné peut occasionner la perte de l'arbre, tandis qu'en n'émondant que les branches parasites ou superflues, et en dégageant principalement le centre, généralement obstrué, on donne à la fois à un arbre une gracieuse forme et une force nouvelle. De plus, on le met à même de profiter des rayons du soleil qui se divisent en tous sens dans son feuillage.

OBSERVATIONS

SUR

QUELQUES ESPÈCES D'ARBRES

1°. — LE MURIER. — Parmi les arbres qui demandent à être taillés avec ménagements, il faut placer le mûrier en première ligne.

Cet arbre veut être dégagé de ses branches superflues de trois en trois ans. C'est surtout pendant les mois de Février et de Mars, qu'il convient de faire cette opération. Il importe peu de tailler le mûrier en hiver, pourvu qu'il ne se trouve pas sous un climat trop froid.

L'opérateur doit avoir soin de dégager principalement le centre de l'arbre, en conservant à peu près double distance d'une branche à l'autre. Le mûrier jeune, comme une foule d'autres arbres, veut être débarrassé du plus de branches possible.

Quant à la feuille, il est urgent de la cueillir entièrement sur chaque arbre ; car il est facile de comprendre que si l'on en laisse une certaine quantité, le courant de la sève se dirige vers les branches qui sont restées ramées, et cela nuit à l'arbre.

Dans le cas où les branches du mûrier ne seraient point proportionnées, il convient de dépouiller de leurs feuilles les branches principales afin que la sève se distribue dans les branches plus faibles ; de cette manière, on parvient à régulariser l'arbre, et quoiqu'il paraisse résulter momentanément de ce procédé un déficit pour le propriétaire ou l'acheteur de la feuille, il y trouve par la suite un avantage réel.

Lorsqu'un arbre est jeune et qu'il pousse des jets vigoureux, il faut seconder sa force au lieu de l'arrêter ; à cet effet, il convient de le tailler en allongeant le bois. C'est ainsi que l'on facilite son développement.

2° — L'Olivier. — Cet arbre, très abondant au midi de la France, est susceptible d'être taillé de plusieurs manières, suivant son espèce et sa qualité.

Toutefois, la bonne espèce demande généralement à être dégagée au centre, afin que l'arbre puisse étendre davantage ses rameaux au dehors et gagner en même temps en largeur et en hauteur.

Il ne faut pas ôter les rameaux du sommet comme le font certains agriculteurs.

Il est essentiel d'élaguer les branches qui se croisent, et d'abattre ce qu'on appelle les *brindilles* ; en donnant au sujet une forme tant soit peu élancée des côtés, tout en ayant soin de laisser suffisamment de branches latérales.

Une grande partie des oliviers, en France, se taillent alternativement une année non l'autre ; car cet arbre ne produit son fruit qu'une année sur deux.

L'olivier aime l'engrais ; exposé dans un terrain aride, il rapporte fort peu.

Lorsqu'un olivier n'est pas proportionné, c'est-à-dire que les branches sont plus abondantes et plus fournies que celles du bas, il faut éclaircir le sommet et laisser plus de rameaux à la partie inférieure.

MOYEN FACILE

DE

FAIRE PROSPÉRER L'OLIVIER.

Au moment où l'arbre est en fleur, faites, avec une serpette ou avec un couteau, une légère incision autour des branches les plus fortes ou autour du tronc.

Choisissez, de préférence, les petits sujets ayant l'écorce bien unie pour faire cette operation.

Au moyen de l'incision, qui doit être pratiquée jusqu'au dessous de l'écorce seulement, vous arrêtez en partie le cours de la sève qui, au lieu de profiter aux fleurs de l'olivier, profite alors au fruit.

Cette opération doit être faite notamment aux oliviers qui n'ont pas été engraissés et qui ont une surabondance de sève.

ESPÈCES D'ARBRES

AUXQUELS

L'OPÉRATION DE LA TAILLE

EST CONTRAIRE.

Parmi les arbres et arbustes qui redoutent la taille, il faut placer en première ligne le figuier et le cerisier.

On ne doit émonder ces deux espèces que s'il y a impérieuse nécessité, surtout pour le figuier qui est encore plus sensible que le cerisier.

Si l'on est bien aise de régulariser un cerisier, on doit se borner à couper les quelques branches superflues qui peuvent lui donner un aspect disgracieux.

Le poirier ainsi que le pommier sont encore compris au nombre des arbres délicats; aussi, ne faut-il les tailler que de trois en trois ans. Alors même qu'ils soient l'un et l'autre exposés

au vent, l'émondage contribue beaucoup au développement et à la production des sujets.

La même observation s'applique également
au pêcher et au prunier ; seulement, il faut se
borner à supprimer les branches trop influentes.
Il n'en existe ordinairement pas beaucoup à ces
arbres-là.

En général, on n'apporte pas assez de soins
aux arbustes.

Pendant cinq à six ans il faut se garder d'y
semer autour ou d'y planter quoi que ce soit,
surtout quand la terre est sèche ; et, lorsque
l'on commence à semer près d'eux, il convient
de laisser au moins un mètre d'intervalle vide
autour du tronc.

Il y a exception à cette règle pour les jardins
et les parterres, où l'on tient moins au produit
d'un arbre fruitier qu'à l'élégance de sa forme.

DES ENGRAIS.

Les os brisés, les cornes, les ongles, les rognures et les râclures de cornes employés dans les arts, les poils, les plumes, les laines et la matière savonneuse appelée suint, les excréments des oiseaux, les tourteaux de graines de chanvre et de lin, sont d'excellents engrais, à la tête desquels il faut placer les larves ammoniacales du bombyx (ver-à-soie).

Parmi tous les végétaux, celui qui offre le plus de parties salines et solubles doit être préféré pour former les engrais.

La paille de froment, ne fournissant de matière soluble que de deux à trois pour cent de son poids, ne doit être considérée que comme excipient d'engrais.

Les plantes à large feuillage arrachées lors de leur floraison, fournissant vingt pour cent, sont infiniment préférables.

Mais rien ne vaut, cependant, la matière fécale de l'homme, qui est le plus azoté de tous les excréments.

Convenablement desséchée, cette matière, devenue d'un usage très commun aux environs de Marseille, peut être réduite à un état qui en permet le transport à de grandes distances.

A ses propriétés fertilisantes, cet engrais joint encore l'avantage, notable pour l'agriculteur, de lui épargner les frais de sarclage, attendu que les excréments humains sont les seuls qui ne contiennent aucune graine indigérée.

En Chine, où l'agriculture est portée à un très haut degré de perfection, on ne fume les céréales qu'avec de la matière fécale; aussi les champs de blé y sont exempts de mauvaises herbes et de plantes parasites; tandis que chez nous, où l'on fume les terres avec les déjections des bestiaux, on y répand une grande quantité de graines qui n'ont pas été digérées par l'animal, et qui, reprenant, dans le sol toutes leurs facultés germinatrices, obligent le cultivateur au sarclage, et encore, malgré ses efforts, il ne peut jamais parvenir à extirper complétement les mauvaises herbes.

Voici maintenant quelques chiffres, qui ne sont pas sans intérêt:

Pour fumer raisonnablement une hectare de terre à blé,

Il faut : 45,000 K⁰˗ de fumier d'étable.
Ou bien : 40,000 »   »   de ville.
          8,000   »   »   de vidanges
                                         liquides.
          4,500   »   matières solides.
          2,500   »   os broyés.
          2,500   »   poudrette.
          2,000   »   tourteaux de lin.
          1,600   »   colombine.
          1,200   »   rognures de cornes.

Telles sont les proportions sur lesquelles on doit se baser, si l'on veut fumer convenablement une terre.

MOYEN INFAILLIBLE
POUR OBTENIR UNE BONNE RÉCOLTE
MALGRÉ LA MALADIE DE LA VIGNE.

On cherche depuis longtemps les causes qui ramènent, chaque année, la maladie généralement connue sous le nom de *oïdium*. Beaucoup l'attribuent à l'apparition d'un insecte rongeur qui envahit les vignes, et indiquent pour le détruire, les fumigations et les lotions comme moyen sûr d'y arriver. Pour nous, différant de toutes ces opinions, et nous écartant de tous ces procédés, dont nous ne contestons pas cependant l'efficacité, nous allons exposer un moyen, sans contredit plus facile et à coup sûr infaillible.

Voici la marche à suivre pour y arriver :

Vous prendrez en hiver, avant d'émonder la vigne, le cep le plus bas de votre souche ; vous l'enfouirez à quinze ou vingt centimètres de profondeur, de manière à n'en laisser paraître que l'extrémité, soit la longueur de cinq ou six bourgeons. Au printemps, lorsque le cep aura poussé, et avant que les raisins fleurissent, vous redresserez, avec avantage, les jets qui se se-

ront produits autour d'un petit échalas , que vous
lierez avec précaution, et de manière à ce que la
nouvelle souche ne soit point exposée à la ri-
gueur du vent. Bientôt, sans que la souche-
mère en ait souffert , vous en obtiendrez , presque sans frais , une seconde qui sera chargée de
raisins sains et purs , et malgré que la souche-
mère ait été atteinte de la maladie. Cela s'expli-
que par la raison toute simple que la maladie
que l'air seul produisait , est ainsi étouffée dans
la terre.

En adoptant ce moyen , si facile et si peu coû-
teux , comme on vient de le voir, l'on est sûr
de toujours avoir une récolte abondante et de ne
plus avoir à redouter les ravages si terribles de
l'*oïdium*.

Nous concluerons donc , sans désapprouver les
remèdes chimiques , qu'il sera plus efficace et
en même temps plus économique , de suivre les
instructions que nous venons d'exposer, et dont
les résultats certains seront de donner l'année
suivante , sans peine ni frais , une souche nouvelle , sans que la souche première en ait
éprouvé le moindre dérangement.

Ce moyen , utile et avantageux sous tous les
rapports , devra être renouvelé chaque année.

TABLE.

FIN.